FÉRIAS NA ANTÁRTICA

FÉRIAS NA ANTÁRTICA

Laura, Tamara e Marininha Klink

fotografias Marina Bandeira Klink
ilustrações Estúdio Zinne

Copyright© 2010 by Laura Klink, Tamara Klink e Marina Helena Klink
Copyright© 2010 Fotografias by Marina Bandeira Klink

Editoras
Renata Farhat Borges
Maristela Colucci

Organização
Marina Bandeira Klink

Editores de texto
Selma Maria
João Vilhena

Produção editorial
Carla Arbex
Lilian Scutti

Produção gráfica
Carla Arbex

Edição de imagens e projeto gráfico
Maristela Colucci

Fotografias
Marina Bandeira Klink

Ilustrações
Estúdio Zinne

DADOS INTERNACIONAIS DE CATALOGAÇÃO NA PUBLICAÇÃO (CIP)
ANGÉLICA ILACQUA CRB-8/7057

Klink, Laura
   Férias na Antártica / Laura, Tamara e Marininha Klink; fotografias Marina Bandeira Klink; ilustrações Estúdio Zinne. — 2. ed. — São Paulo: Peirópolis, 2014. 72 p. : il., color.

   ISBN 978-85-7596-360-9

   1. Klink, Laura – Viagens – Antártica 2. Klink, Tamara – Viagens – Antártica 3. Klink, Marininha – Viagens – Antártica 4. Antártica – Descrições e viagens – Literatura infantojuvenil 5. Recursos naturais - Antártica – Literatura infantojuvenil I. Klink, Tamara II. Klink, Marininha III. Klink, Marina IV. Estúdio Zinne V. Título

14-0824   CDD: 919.89

Índice para catálogo sistemático:
1. Antártica - Viagens

Disponível em ebook nos formatos ePub (978-85-7596-426-2) e KF-8 (978-85-7596-445-3)

2ª edição, 2014 - 13ª reimpressão, 2025

Editora Peirópolis Ltda.
R. Girassol, 310F - Vila Madalena,
São Paulo - SP, 05433-000
tel.: (11) 3816-0699 | cel.: (11) 95681-0256
vendas@editorapeiropolis.com.br
www.editorapeiropolis.com.br

Em fevereiro de 2006, concluímos a nossa primeira viagem antártica com as crianças a bordo. Experiência que surpreende a de comandar filhos próprios e de terceiros num ambiente borbulhante, pouco previsível, onde se pode conhecer e aprender ininterruptamente. Imaginei que seria uma bela experiência para tão inquietas e curiosas criaturas. Foi. Não imaginei o quanto seria importante para nós adultos o ofício de, ao ensinar, aprender. Vinte anos de viagens regulares ao continente antártico me ensinaram menos do que essas intensas, breves semanas de andanças e convivência. Retornamos nas temporadas seguintes, em todas, pra descobrir que era muito pouco o que sabíamos, que havia tanto e tantos para ver. Tantas perguntas, luvas esquecidas, botas molhadas, espécies de nomes difíceis; tantos encontros, artistas, autores brilhantes, pesquisadores em dúvida, viajantes ousados. Tantos outros modos de ver o que eu supunha conhecer.

Um desses modos é este pequeno livro que fiz questão de não abrir até que suas autoras o mostrassem já pronto. Para um pai viajante, calejado de surpresas, devorador de grandes e pequenos livros, foi uma grande surpresa. A maior que já tive.

Amyr Klink

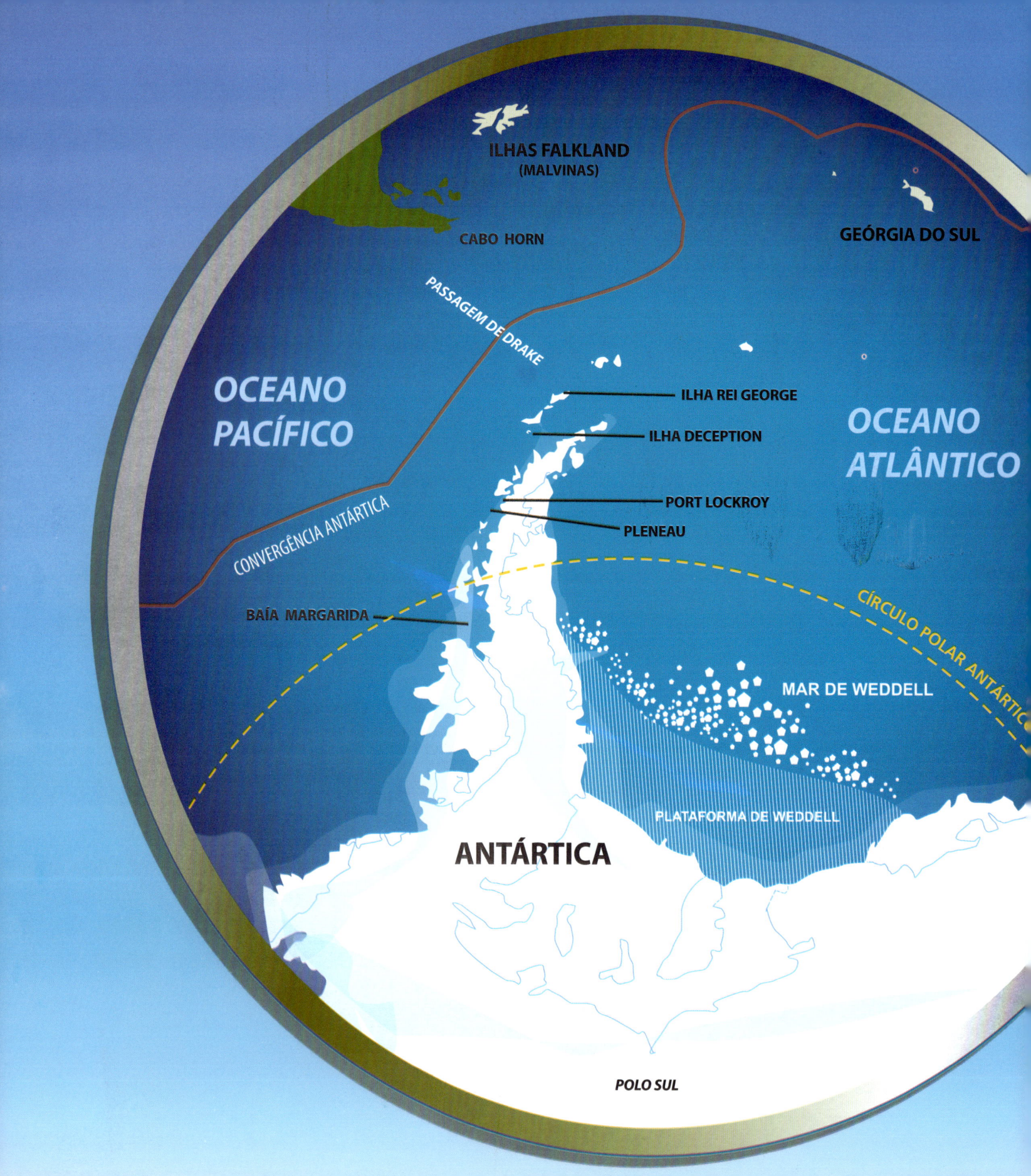

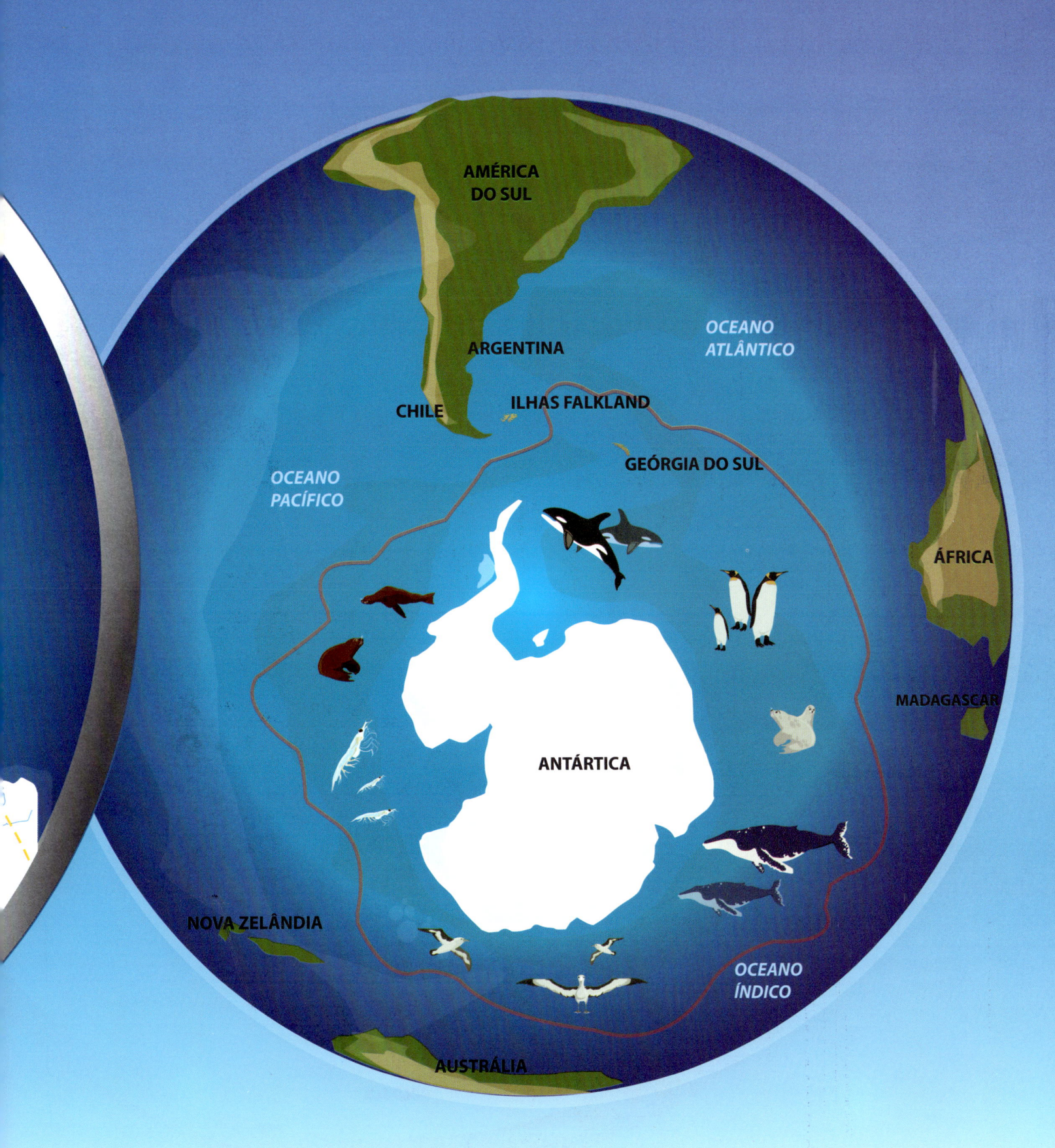

O Paratii 2 é nossa casa flutuante.

PARTIR

Nascemos numa família que gosta de viajar de barco, e muito. Crescemos enquanto nosso pai construía um novo veleiro, o Paratii 2. Pessoas que nunca tinham visto um barco antes também participaram da sua construção, que aconteceu devagar, longe do mar e com muito esforço. Quando ficou pronto, tornou-se famoso pelas viagens que fez e por ser um dos barcos mais modernos do mundo. Nossa mãe sabia que o barco era seguro e que poderia levar toda a nossa família. Então pediu para irmos todos juntos numa próxima vez e nosso pai concordou! Ficamos felizes porque, finalmente, não ficaríamos na areia da praia dando tchau.

Partimos para uma longa viagem e deixamos nossos avós com saudades. Viajamos para um lugar que muitas pessoas nem imaginam como é. Para chegarmos lá, balançamos para cima e para baixo, para um lado e para o outro, com movimentos nem um pouco agradáveis, nada parecidos com os que experimentamos em terra firme.

Fomos para um continente que não tem dono, bandeira ou hino, onde sentimos temperaturas abaixo de zero. Dizem que ali é tudo branco e só tem gelo, mas enquanto viajávamos fomos descobrindo muitas cores e diferentes tons de branco.

Sempre nos perguntam: "O que vocês fazem lá?" "Tudo!" é a nossa resposta. É um lugar muito especial chamado Antártica. E por que é tão especial assim?

Leia este livro e descubra.

KIT DE SOBREVIVÊNCIA

Todo lugar é especial e interessante para se começar uma história. Esta começa no nosso quarto. É lá que fica o armário onde fazemos nossas primeiras "escavações" para achar tudo o que precisamos levar. E não são poucas coisas! Luvas, gorros, capas, roupas grossas, roupas de tecido que grudam no corpo (segunda pele), botas, óculos escuros, protetor solar... Nada pode ser esquecido, porque na Antártica não tem nenhuma lojinha para comprar o que deixamos para trás.

Aprendemos com a nossa mãe que não existe tempo ruim; existe roupa inadequada. Ela nos contou que em uma de suas viagens para lugares frios encontrou uma moça com seu bebê na rua. Acostumada a ver crianças passearem em dias ensolarados tipicamente tropicais, ela ficou impressionada ao ver um pequeno bebê passeando tranquilamente em seu carrinho pela rua coberta de neve, que mais parecia uma imensa "geladeira", ao invés de estar bem quentinho dentro de casa. Mas não havia com que se preocupar, pois o bebê estava com a roupa certa para aquele inverno rigoroso.

A preparação dessa viagem exige atenção com a segurança o tempo todo. Estar seguro na Antártica é diferente de estar seguro na cidade. Numa cidade, parece que tudo está perto, inclusive os guardas que multam, os carros e os perigos. Na Antártica, ganhamos liberdade. Mas sempre temos que ter o cuidado de nos proteger do frio e da fome. Para enfrentar o que vem pela frente temos que estar sempre bem preparados.

SE O DRAKE NÃO EXISTISSE

Uma parte inesquecível dessa viagem é a travessia do Drake. O encontro das águas do oceano Pacífico com o Atlântico deixa o mar muito instável, e nossos estômagos ficam bastante remexidos. Não dá vontade de fazer nada... Ficar na cama o dia inteiro é a melhor opção. Ficamos dois ou três dias sem comer, só tomando líquidos, e mesmo assim em pouca quantidade. Mas isso é bom porque ficamos com menos vontade de ir ao banheiro. Levantar da cama com o barco chacoalhando de um lado pro outro não é uma das coisas mais fáceis de se fazer!

E banho? Se você acha que ficamos livres dele todos esses dias, acertou! Num clima tão frio e seco, quase não transpiramos e todo mundo acaba dando férias para o chuveiro. E o melhor é que ninguém reclama...

Sorte de quem não se sente mal e consegue ficar no convés do barco admirando o voo dos pássaros que nos acompanham durante quase toda a travessia. São petréis gigantes e albatrozes que, por gostar de voar com vento forte, planam alto no céu e rente ao mar. As pequenas pombas-do-cabo, curiosas, seguem-nos o tempo todo, mesmo quando não tem vento.

O dia do banho começa com a nossa mãe no fogão, esquentando água na panela. Usamos uma esponja para nos lavar, assim gastamos pouca água e economizamos o estoque de água doce do barco, que deve ser usado para outras coisas, como cozinhar e escovar os dentes.

Tamara

Agora eu acho que sei por que meu pai quis ficar um ano na Antártica. Foi para não cruzar o Drake duas vezes no mesmo ano!

Marininha

CHEGAMOS?

Quando deixamos a América do Sul rumo à Antártica, passamos pelo extremo sul do continente americano, o famoso Cabo Horn. A partir dali, navegamos pelo Estreito de Drake. Com muito mar pela frente, estamos sempre acompanhados por muitas aves marinhas, principalmente petréis e albatrozes.

Conforme nos aproximamos da Antártica, a água vai esfriando, ficando mais densa e o alimento começa a ficar mais concentrado, atraindo um número maior de animais. É como se entrássemos num enorme carrossel de animais e icebergs que flutuam em volta do continente antártico. Esse cinturão azul que abraça o continente é chamado de Convergência Antártica. Ali sabemos que estamos mais perto do nosso destino do que de casa, e temos a sensação de que a viagem dos nossos sonhos está acontecendo.

Depois de cruzarmos o Drake – que é a parte chata porque todo mundo passa mal no barco –, nossa ansiedade aumenta ainda mais. Alguns sinais indicam que finalmente estamos chegando: não vemos mais albatrozes no céu, sentimos o vento gelado no rosto e não dá mais para ir do lado de fora sem luvas e gorros. Começamos a ver grupos de pinguins saltando para fora da água e focas se exibindo no mar.

Quando nosso pai diz que já é possível encontrar um iceberg no caminho, a gente fica mais tempo do lado de fora do barco fazendo companhia para ele no frio. Achamos que ele gosta de sentir frio. Nós gostamos só um pouquinho e logo queremos voltar para o calor da cabine. Mas como esse é um momento especial, temos um combinado no barco: quem avistar o primeiro iceberg da viagem ganha um prêmio. Assim a gente sente coragem de ficar mais tempo no frio!

Ao nos aproximarmos da Antártica, navegamos com muito cuidado.

> Sentimos que estamos chegando quando saímos do horizonte vazio e as coisas começam a acontecer. Tudo começa a mudar.
>
> — Tamara

> Aparece um animal, outro, e quando vemos um iceberg é porque estamos chegando!
>
> — Marininha

> A gente fica louca pra chegar!
>
> — Laura

OS INCRÍVEIS ICEBERGS

Quanto mais nos aproximamos da Antártica, maior é o número de icebergs. Eles vão surgindo, com formatos e tamanhos diferentes. O que varia bastante também são as cores. É, as cores! Dependendo da posição do sol, das condições climáticas do dia, do tamanho do iceberg, da largura da parede de gelo, da densidade e de outros elementos, um iceberg pode ser muito diferente do outro.

Mesmo de longe, eles são muito diferentes. Não são apenas blocos de gelo. Cada um é único. São tons de branco, cinza, azul e verde muito diferentes dos que estamos acostumados a ver no Brasil. Leva um tempo pra gente se acostumar. A água vai batendo pouco a pouco no iceberg e o gelo vai se moldando, sendo esculpido em pontas, rampas, pequenas piscinas e cavernas. Formam-se até pontas de gelo que lembram estalactites, que a gente pode pegar com as mãos e brincar de "picolés de gelo"!

Muita gente conhece a frase "isso é apenas a ponta do iceberg", que usamos para dizer que tem muito mais do que parece em alguma coisa. Isso acontece porque a parte do iceberg que está acima do mar corresponde a apenas 30% do seu total; o resto está submerso. Esse fato também é conhecido, mas ver icebergs ao vivo nos leva a pensar em coisas que nem todo mundo pensa: quando um iceberg derrete, ele vai subindo ou capota e mostra a parte que estava debaixo d'água?

> É difícil descrever um iceberg. Ele tem muitos detalhes e não se parece com nada que eu já tenha visto antes. Já vimos icebergs com muitas formas, como grandes monstros, carros, pássaros, cachorros e até mesmo castelos flutuantes. É muito divertido ficar olhando...
>
> Marininha

Marininha e Tamara "colhem picolés" em uma parede de gelo.

Sem pincel a bordo, improvisamos um usando nosso próprio cabelo!

BRINCADEIRAS A BORDO

Na Antártica, o tempo muda muito rápido, e um lugar paradisíaco, com sol, mar calmo e bem lisinho, pode, de repente, se transformar totalmente com a chegada de uma forte tempestade!

Às vezes, ficamos horas, ou dias, sem poder ir para o lado de fora do barco por causa do vento, então procuramos alguma coisa para fazer dentro do barco. Brincamos de teatro, de lojinha, inventamos jogos, cozinhamos, assistimos a filmes. Como não tem TV, é comum assistirmos a um filme que uma de nós gostou muitas vezes. Vemos até saber o filme todo de cor!

Uma das nossas brincadeiras é improvisar patins, colocando papel debaixo dos pés para escorregar enquanto o barco balança. Mas de vez em quando não dá muito certo...

Jogando twister. Ainda mais divertido com o balanço do barco.

Muita concentração para jogar gamão.

Conversando em inglês, ensinamos nossos amigos franceses a fazer brigadeiros.

Quando o tempo melhora, dá pra sair para brincar e ver o que tem lá fora. Há brincadeiras que só podem ser feitas em lugares como a Antártica: inclinar para trás contra o vento sem cair no chão; pegar pedaços compridos de gelo que ficam pendurados nas bordas de pedras grandes e fingir que são picolés; imaginar esculturas nos icebergs, como as pessoas fazem quando olham as nuvens; improvisar escorregadores; fazer bonecos de neve; pular do alto de morros gelados na neve fofa; fazer *snowboard*; construir labirintos, esconderijos e até uma casa de gelo.

Exploramos praias de gelo com o conforto de nossas roupas de mergulho.

Juntos, construímos uma casa feita de gelo.

Cruzamos o Círculo Polar Antártico e comemoramos nossa chegada à baía Margarida.

Na nossa última viagem, construímos uma casa de gelo com portas e janelas e cabíamos todos dentro dela! Tivemos a ajuda de uma família francesa com quatro crianças mais ou menos da mesma idade que a gente. Eram a Josephine, a Eliette, o Jean-Yves e a France.
Eles adoravam ir ao nosso barco porque tínhamos muito chocolate no armário!
Ensinamos muitas coisas sobre o Brasil para eles, inclusive a fazer brigadeiros, que eles não conheciam.

Laura

CULINÁRIA A BORDO

De vez em quando, uma atividade séria, importante, pode virar brincadeira. A preparação dos alimentos a bordo é um desafio divertido. Os alimentos que embarcam para a viagem têm que ser fáceis de preparar e de guardar, devem durar bastante tempo e temos que nos preocupar com as quantidades para não faltar nem sobrar comida.

Comemos várias coisas diferentes, como comida árabe, japonesa e também brasileira. Levamos sempre ingredientes para preparar bolos e pães: farinha, fermento, sal, açúcar, manteiga, óleo, ovos. Essas coisas nunca podem faltar!

Fazíamos até coberturas e recheios para variar o bolo de laranja, por exemplo. Adoramos comer barras de chocolate e coisas feitas com chocolate. Ao ver os alimentos que trouxemos, alguém no barco disse: "Veja que coisa engraçada, aqui todas as nossas comidas são importadas... do Brasil!"

Vivemos algumas aventuras fora do barco e outras dentro dele. Gostamos de inventar comidas e deixar a cozinha toda bagunçada com panelas, garfos e pratos sujos. Depois lavamos a louça e limpamos o chão. Essas atividades fazem parte da nossa rotina. Assim como alguns pequenos "acidentes", como bolos um pouco queimados, o pudim que não endureceu ou uma explosão no forno...

Depois de devorar todos os livros que trouxe, descobri no barco um de receitas culinárias e de etiqueta à mesa. Li o livro inteiro e resolvi fazer as receitas. Mas no barco é preciso improvisar com os ingredientes que temos. Isso acaba virando uma brincadeira que às vezes dá certo; outras vezes percebo que os adultos falam que ficou bom só por educação.

Tamara

Às vezes o vento é forte demais e o mar fica muito agitado, o que resulta em bolos decorados pelo balanço do barco. Isso nem sempre é uma vantagem.

Tamara

Acabávamos de sair de um momento difícil da viagem, quando ficamos presos em uma pedra escondida no fundo do mar, numa região que não estava cartografada. De repente o barulho de uma explosão no forno fez todos pensarem que tínhamos encontrado outra pedra. Foi um grande susto! Esses acontecimentos fazem parte da vida de quem viaja de barco.

Tamara

Raspadinha polar de laranja

RASPADINHA POLAR DE LARANJA

Fácil de fazer na Antártica, com gelo do local!

Ingredientes:
1 lata de leite condensado
1 medida igual de suco de laranja (pode ser industrializado)
1 colher (chá) de raspas de laranja
1 bandeja de gelo picado

Modo de preparo:
Colocar o leite condensado no copo do liquidificador.
Juntar o suco de laranja.
Acrescentar as raspas de laranja.
Bater bem até ficar um creme consistente.
Encher seis copos altos com o gelo picado.
Despejar o creme de laranja sobre o gelo.
Colocar canudinhos e servir a seguir.

BOLO DE CHOCOLATE

Ingredientes:
2 ovos
1 xícara (chá) de açúcar
1 xícara (chá) de farinha de trigo
1 xícara (chá) de achocolatado ou chocolate em pó
1 xícara (chá) de óleo
1/2 xícara (chá) de café quente
1 colher (sobremesa) de fermento em pó

Modo de preparo:
Bater bem as claras em neve com uma colher do açúcar e reservar na geladeira.
Bater as gemas com o açúcar e em seguida juntar todos os ingredientes na ordem da lista.
Por último, acrescentar as claras que estavam na geladeira, mexendo delicadamente.
Untar uma forma pequena.
Assar no forno pré-aquecido a 180°.
Decorar a gosto.

Caça ao Tesouro

Desde pequenas, sabemos que os piratas dão a vida para encontrar tesouros. E nós ficamos impressionadíssimas quando nosso pai disse em nossa primeira viagem à Antártica que iríamos procurar um tesouro deixado anos atrás por ele e seus amigos em um lugar chamado Pleneau. Pensávamos: "Pleneau, onde fica esse lugar? O que será que é esse tesouro? Como iríamos encontrá-lo no meio da neve?" Estávamos curiosas. Não conseguimos descobrir mais nada.

O que sabíamos era que, quando esse tesouro foi guardado, cada um do grupo de amigos do nosso pai escolheu uma coisa que gostava para deixar escondida, e também que tudo estava dentro de uma caixa laranja. Provavelmente a caixa era desta cor para ficar mais fácil de ser encontrada no gelo.

Contávamos com a ajuda de um GPS, mas como nosso pai dizia, tínhamos que ter sorte, porque ele tem uma margem de erro de até 10 metros. Isso representa muito trabalho no meio daquela neve toda! Começamos a cavar o buraco torcendo para encontrar logo. Cavamos, cavamos e cavamos e, quando ninguém mais aguentava cavar, nosso pai continuou sozinho.

A escavação durou mais três dias e, é claro, o único que continuou cavando foi nosso pai. A essa altura, o que fazíamos era ficar reclamando porque ele não havia encontrado nada ainda! Mas, finalmente, depois de cavar um buraco do tamanho de um elefante, nós vimos a tal da caixinha laranja e começamos a gritar.

Tivemos duas grandes surpresas. Uma era que havia uma dura placa de gelo por cima da caixa. Podíamos vê-la, mas era impossível chegar até ela. Mais trabalho para o nosso pai... Foi duro, mas finalmente conseguimos alcançá-la! A outra surpresa era que, depois de quase explodirmos de alegria, ficamos paralisadas, não pelo frio, mas porque vimos dentro da caixinha apenas uma garrafa de uísque, uma Bíblia, um cabo azul, um pouco de dinheiro e algumas fotos. Ficamos sem graça... e a Marininha foi quem perguntou: "Mas pai, cadê as joias, as pérolas e os colares de diamantes?"

A sensação de decepção durou alguns dias porque tinha dado muito trabalho para achar. Mas nós tivemos uma ideia: fazer um tesouro para deixar escondido no mesmo lugar. Ali colocamos coisas que nós gostamos, como pequenos brinquedos, presilhinhas de cabelo e desenhos feitos por nós. Assim, já teríamos um bom motivo para voltar para lá. E esse tesouro nós mesmas fizemos e nosso pai nos ajudou a escondê-lo num lugar secreto. Esse, sim, se tornou um tesouro de verdade para nós.

Para finalmente encontrarmos o famoso tesouro foram três dias de escavações.

AS FOCAS

Existem várias espécies de focas no mundo. Seis espécies vivem na região abaixo da Convergência Antártica. Assim como muitos outros animais, as focas não moram na Antártica. Elas vão para lá apenas no verão e passam o inverno no mar. Somente a foca-de-weddell passa o inverno na península antártica.

Nós vimos quatro espécies de focas – a foca-leopardo, a foca-de-weddell, a foca-caranguejeira e a foca-de-pelo (também chamada de lobo-marinho-antártico) – e os elefantes-marinhos, mas nunca vimos de perto uma foca-de-ross.

Já sabemos reconhecer as focas. A foca-leopardo tem uma cara que lembra muito a de uma cobra gigante. Ela é a única que come pinguins, e de um jeito especial. Tem músculos fortes no pescoço e uma grande mandíbula. Com sua boca enorme e seus dentes afiados, perfura e segura a presa, sacudindo-a com muita energia de um lado para o outro. A foca-leopardo tira a pele da presa enquanto a mata e, ao final, come sua carne.

A foca-de-weddell tem manchas no corpo. É a única que passa o inverno na Antártica porque consegue quebrar o gelo que se forma sobre a superfície do mar e, assim, pode se alimentar de krill.

Pode ser que a foca-caranguejeira tenha esse nome porque os primeiros homens que a viram acharam que ela comia caranguejos, mas na verdade sua dieta preferida é o krill.

Os lobos-marinhos-antárticos, também chamados de focas-de-pelo, são os únicos que têm as orelhas aparentes. Seus bigodes são muito importantes para a alimentação porque funcionam como uma antena. Quando os peixes nadam, eles provocam vibrações na água, que são captadas pelos bigodes das focas. Elas, então, seguem o rastro dos peixes para comê-los.

As focas-de-pelo são muito simpáticas, mas precisamos ter cuidado com as suas mordidas: como não escovam os dentes, sua boca é cheia de bactérias e a sua dentada, além de doer muito, pode causar infecção. Algumas pessoas podem até morrer por isso.

Os elefantes-marinhos são parentes das focas. São enormes! Eles passam oito meses no mar, mergulhando a até 1.000 metros de profundidade para buscar alimento. Têm olhos muito grandes que conseguem enxergar mesmo lá no fundo, onde a luz do sol não chega. Sua pele escura absorve o calor do sol durante o verão, quando eles ficam descansando na praia e trocando de pele. Eles jogam areia nas costas para se protegerem dos raios solares.

> Uma vez, duas focas-de-pelo correram atrás da gente. No começo pensamos que elas queriam brincar, mas depois descobrimos que estavam defendendo seu território por acharem que éramos invasoras! Para nos defender, temos que bater as mãos e os pés para elas se assustarem. Assim elas vão embora.
>
> Laura

Os elefantes-marinhos são mesmo enormes!

Laura e uma preguiçosa foca-de-weddell.

Temos que ficar atentos com as focas-de-pelo: elas são rápidas e podem nos morder.

As focas-caranguejeiras são muito dóceis.

O olhar da foca-leopardo assusta a gente até quando ela está descansando.

TAMANHO NÃO É DOCUMENTO

O krill é um camarãozinho que mede menos de 4 centímetros. Pequeno, mas muito importante, ele é a base da cadeia alimentar antártica. Todos os animais se alimentam dele: pinguins, focas e até baleias! Se todos os krills morrerem, todos os animais que se alimentam deles morrerão também.

Isso dá uma ideia de como a natureza é frágil. Para que tudo continue como é hoje, a Antártica precisa preservar este pequeno animal que cabe na palma da mão. Mas é claro que tem sempre alguém que pensa que pode fazer o que quiser com a natureza... Será que as coisas vão continuar como estão para sempre? A Terra continuará fornecendo matéria-prima para algumas empresas ganharem muito dinheiro?

Existem países que veem o krill como uma incrível fonte de dinheiro. Eles pescam muitos deles para fazer ração para pequenos peixes e alguns animais domésticos. Você já pensou que os animais domésticos têm muitas opções de alimento no lugar onde vivem e que os animais que vivem na Antártica têm muito menos? Pois é, algumas companhias de pesca não pensam nisso e continuam pescando. Um dia podem acabar com o krill. E se isso acontecer, toda a vida na Antártica irá acabar também.

SOPA DE BALEIAS

Pense num animal que você nunca sabe onde está, que pode ter o coração do tamanho de um fusca e a língua com o peso de um elefante. É calmo, sabe nadar e chega perto da gente bem devagar quando nem esperamos... Esse animal é a baleia.

Nós, humanos, começamos a ser um problema para elas quando descobrimos que todas as suas partes podiam ser aproveitadas. Os homens começaram a caçá-las cada vez mais porque o mundo ainda não conhecia a gordura vegetal e precisava da gordura animal, além de terem interesse na sua carne, no seu óleo, nos seus ossos, nas suas barbatanas... E assim sua população foi diminuindo. Como elas levam muitos anos para se multiplicar, percebemos, com o tempo, que elas estavam desaparecendo e começamos a nos preocupar com isso.

Com todo o espaço que tem na Antártica, as baleias nadam ali tranquilamente. Mas nem sempre foi assim. As baleias que vemos lá são netas das sobreviventes. Muitas espécies quase foram extintas porque os seres humanos acharam que podiam caçar à vontade.

Em 1986, vários países, inclusive o Brasil, colocaram em prática um acordo que proíbe a caça comercial das baleias, assinado em 1982. Mas alguns países não assinaram esse acordo e continuam caçando baleias até hoje. Alguns dizem que é por motivos culturais, outros dizem que é para fazer pesquisas científicas, mas, se um dia você for a um restaurante fino num desses países, dê uma olhada no cardápio...

Numa manhã, bem cedo, vimos muitos borrifos. De repente, uma baleia veio bem perto do barco. Depois um grupo de quatro, cinco... Um monte delas! Elas rodeavam o barco. Eram tantas que não dava para contar. Pareciam centenas! Era como se o mar fosse uma grande sopa de baleias-jubarte. Elas passavam tão perto que nosso veleiro ficou balançando. Eu nunca vou me esquecer daquele dia.

Laura

Descobrimos por que se fala "caçar" baleias. Se elas vivem no mar, por que não dizemos "pescar" baleias? Por uma simples razão: baleias são mamíferos, então são caçadas; os peixes é que são pescados!

As baleias respiram o mesmo ar que nós, enquanto os peixes respiram dentro da água, absorvendo oxigênio pelas guelras. As baleias, assim como nós, amamentam seus filhotes, mas fazem isso debaixo d'água. O filhote de uma baleia bebe até 100 litros de leite por dia! Não é impressionante?

A baleia-azul é o maior mamífero que já existiu na Terra. Já foi registrada uma que media 33,6 metros de comprimento. Pena que a gente nunca viu uma dessas de perto...

Todas as baleias se alimentam do krill, mas algumas se alimentam também de peixes e outras de alguns tipos de crustáceos. Elas não comem pinguins nem focas porque não têm dentes para mastigar. No lugar de dentes têm barbatanas, lâminas muito finas e duras feitas do mesmo material das nossas unhas. Elas são chamadas pelos biólogos de Misticetos.

Em Santa Catarina, no sul do Brasil, descobrimos que para ver as baleias de perto nem precisávamos entrar no mar! Elas vêm brincar tão perto da praia que ficamos ali, sentadas na areia, avistando seus borrifos para fora d'água! Para entender como elas se aproximam da costa, visitamos o Projeto Baleia Franca.

Laura

As baleias são migratórias e algumas vêm para o Brasil no inverno em busca de águas quentes para se reproduzir e proteger seus filhotes enquanto são bebês. Elas vão embora na primavera, após a época de amamentação. Os filhotes vão mamando no caminho para a Antártica e, quando chegam lá, aprendem a capturar o próprio alimento, e só então desmamam.

As baleias-francas vêm nadando até o Brasil para passar o inverno no estado de Santa Catarina, onde cuidam de seus filhotes perto das praias. Fazem isso para protegê-los de predadores.

Para se alimentar de krill e de pequenos peixes, a baleia-franca tem uma estratégia bem original: ela nada na superfície de boca aberta, deixando a água e o alimento entrarem. E segue nadando, filtrando o alimento pelas suas barbatanas.

A baleia é meu animal preferido por ser misteriosa. Você nunca sabe onde está e o que vai fazer.

Tamara

A baleia-jubarte é muito animada e salta bem alto para fora do mar. No inverno elas migram da região da Geórgia do Sul até o sul da Bahia, na região do arquipélago dos Abrolhos. Descobrimos com o pessoal do Instituto Baleia Jubarte que ela pesa o mesmo que oito elefantes, ou seja, 40 toneladas, e que emite muitos sons diferentes debaixo d'água.

Vimos na Antártica as baleias-jubarte se alimentarem usando uma técnica chamada "rede de bolhas". Elas mergulham e soltam bolhas de ar na água, fazendo com que krills e pequenos peixes fiquem presos nelas. Em seguida, elas ingerem essas bolhas, retêm o alimento e expulsam a água pelas suas barbatanas.

Quando vemos uma baleia-jubarte de perto, percebemos que ela é mesmo muito grande e que não tem medo da gente. Algumas passaram muitas vezes debaixo do nosso barco.

Laura

A orca está no topo da cadeia alimentar da Antártica. Muita gente acha que a orca é uma baleia, mas não é. Apesar de ser chamada de "baleia orca", ela é um Odontoceto, porque tem dentes. A orca usa os dentes para cortar os alimentos. As baleias, que são Misticetos, usam as barbatanas para separar a água do alimento.

As orcas são muito gulosas. Comem em média 250 quilos de comida por dia, chegando a pesar 9 toneladas. Elas se alimentam de peixes, pinguins, lulas, focas e até mesmo de baleias. Nadam sempre em família, em grupos de até cinquenta indivíduos, por isso são tão eficientes para atacar baleias. Elas se organizam e ficam dando voltas ao redor da baleia até que ela se canse, e então atacam. Comem principalmente a sua língua e abandonam o resto do corpo no mar.

Elas são vistas como más, mas na verdade não são tanto assim. Certa vez, quando estávamos na Antártica, soubemos que um grupo de orcas nadava junto a um outro veleiro. Uma orca e seu filhote se aproximaram dele e um garoto que estava na popa olhou-a bem de perto. A orca colocou a cara para fora da água e ficou parada, olhando para ele, querendo mostrar seu filhote. Eles estavam tão próximos que ele pôde passar a mão nela. Depois disso, ela e seu filhote foram embora.

Já houve ataques de orcas a seres humanos, mas provavelmente elas não tinham a intenção de matar. Talvez tenha acontecido porque elas não entendem que os seres humanos não conseguem respirar debaixo d'água.

O cachalote é um Odontoceto, assim como as orcas e os golfinhos. É muito difícil ver cachalotes porque mergulham a mais de 2 mil metros de profundidade e conseguem ficar sem respirar no fundo do mar por mais de uma hora. Alimentam-se de lulas gigantes, que vivem em águas profundas. Eles nadam sozinhos e, quando encontram uma lula gigante, não precisam fazer muita força para capturá-la. Quando é mordida, a lula gruda seus tentáculos na cara do cachalote para tentar escapar, mas, para driblar a lula, o cachalote sobe bem rápido para a superfície. Com a mudança brusca de pressão, a lula não resiste e morre – aí ele pode comer tranquilamente a sua refeição.

É emocionante ver de perto o mergulho de uma baleia-jubarte.

Jubartes nos seguem na Antártica.

Um desses esqueletos de baleia foi montado pela equipe de cinegrafistas do famoso oceanógrafo Jacques Cousteau, o primeiro homem a mergulhar embaixo de placas de gelo na Antártica. Em 1975, Cousteau visitou o continente antártico e produziu documentários com imagens terrestres, submarinas e também aéreas.

Laura

Dentro da cabeça de uma baleia, pudemos perceber como ela é grande em relação a nós.

Laura e Tamara observam o esqueleto reconstruído na ilha Rei George.

SÓ MESMO VENDO!

Imagine um pássaro grande. Grande mesmo! Quando ele abre as asas você percebe que não cabe no seu quarto, nem na sala, nem no quintal da sua casa! Você teria que dar vários passos para andar da ponta de uma asa até a outra. Medindo 3,5 metros, a maior envergadura da Terra, ele pode se sentir orgulhoso. Seu nome é albatroz-errante e vemos muitos deles no caminho para a Antártica...

Tínhamos ouvido histórias sobre seu tamanho e as viagens que fazia. Sabe quando as pessoas contam histórias e você até acredita, mas fica meio desconfiada? Pois é. Acontece que, quando vimos um albatroz, foi uma surpresa. Durante uma viagem para as Ilhas Falkland (ou Malvinas), conhecemos de perto o albatroz-de-sobrancelha-negra. Desembarcamos e caminhamos por uns 6 quilômetros para chegar até seu ninhal. Ventava muito quando chegamos, tivemos que atravessar o *tussok*, um capim bem alto típico dessa região. Ele é tão alto que, ao caminhar por ele, nem vemos se alguém passar do nosso lado!

Ali descobrimos que os albatrozes vivem junto com os pinguins-rockhopper, que são bem pequenos. Eles têm olhos vermelhos e umas peninhas amarelas na testa. Esses pinguins, mesmo pequenos, se entendem bem com os albatrozes, que ao vivo parecem ainda maiores do que em qualquer foto!

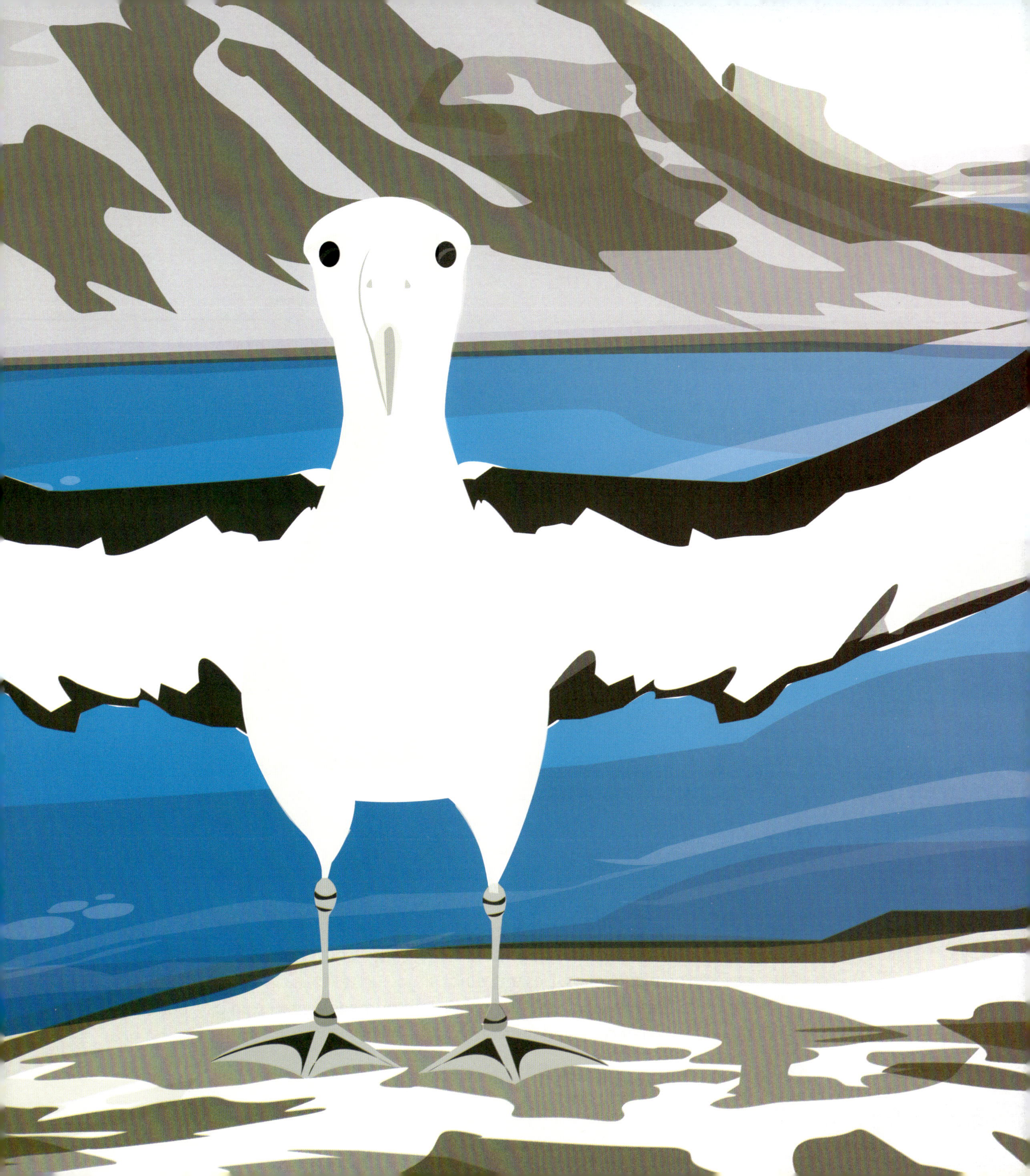

Quando a gente olha para o albatroz-de-sobrancelha, entende porque ele tem esse nome.

O albatroz-errante gosta de ventos fortes. Ele cruza oceanos somente planando no vento.

O albatroz passa a maior parte do ano voando, mas volta sempre para a mesma ilha para se reproduzir. Seu jeito de voar, aliás, é uma lição de inteligência: como é grande, gastaria muita energia para bater as asas o tempo todo, então ele bate poucas vezes e aproveita o vento forte para ficar planando no ar, ao contrário do beija-flor, que bate as asas muitas vezes. Quando vemos um albatroz pousado, sabemos que ali é seguramente um lugar com ventos muito fortes!

O albatroz observa tudo lá de cima. É do alto que ele enxerga pequenos peixes e krills para se alimentar. Como é uma ave pescadora, consegue comida em alto-mar. Os albatrozes têm narinas tubulares, isto é, um tubinho em cima do bico. Quando um albatroz pesca, ele acaba ingerindo água salgada e faz como as baleias... Como seu corpo não precisa de tanta água, ele a elimina por esse tubo.

PAIS E FILHOS, SEMPRE IGUAIS

Descobrimos muitas coisas viajando. Uma delas é que os animais sempre nos ensinam muito.

Aprendemos uma lição com os albatrozes: em condições normais, eles, como nós, vivem cerca de 70 anos. Os albatrozes têm filhotes a cada dois anos. Os filhotes levam de oito a nove meses para aprender a voar e só então vão buscar seu próprio alimento. Seus ninhos são feitos no alto de penhascos e a gente não entendia o porquê. Só entendemos depois...

Pense em nós mesmos quando somos bebês e, depois, crianças. Quantos anos se passam até que a gente possa fazer as coisas sem a ajuda dos nossos pais? Mas chega um dia em que temos que crescer e aprendemos a fazer as coisas que os adultos fazem. Os filhotes de albatroz também têm que crescer, mas quando eles têm medo, os pais às vezes dão uma "empurradinha".

O filhote passa meses esperando suas plumas caírem. A plumagem não é impermeável e, se o filhote cai na água, pode morrer afogado. Com o tempo, sua plumagem vai caindo e nascem penas no lugar. Enquanto isso, o filhote vai treinando seu voo. Ele abre e fecha suas asas, começa a dar os primeiros pulinhos, até seus pais perceberem que ele está pronto para o primeiro voo.

> Com os albatrozes e com tudo o que vivemos na Antártica, descobrimos que, numa viagem, a gente aprende coisas que nunca aprenderia na escola.
>
> Laura, Tamara e Marininha

Como nós, quando começamos a andar, eles também têm medo de voar. Mas os pais não podem esperar por muito tempo porque buscar alimento para trazer para o ninho não é uma tarefa muito fácil. Algumas aves, como o gavião, quando percebem que seus filhos já estão grandes, desfazem o próprio ninho para que os filhotes voem e busquem alimento sozinhos. No caso dos albatrozes, se os filhotes não voarem sozinhos, os pais empurram-nos lá do alto dos penhascos! Como seus ninhos estão em lugares muito altos, os filhotes têm chance de conseguir voar enquanto caem. Eles percebem durante a queda que é só abrir aquelas asas enormes e pegar o ângulo certo do vento. Se eles não conseguem voar, morrem. Morreriam de fome em seus ninhos se não tentassem voar. Quando voam, viram albatrozes de verdade, prontos para acompanhar os pais e começar a fazer as coisas que os adultos fazem.

Os albatrozes percorrem distâncias incríveis. Eles nascem nas ilhas subantárticas e chegam a dar a volta ao redor da Antártica. Voam sobre o mar que separa a América do Sul da Antártica e podem chegar ao Brasil para buscar alimento. Mas, infelizmente, há um risco: para eles tudo o que flutua é alimento, então às vezes acabam comendo tampinhas de garrafa, linhas de nylon, tiras plásticas e outros produtos jogados no mar, que ficam por uma eternidade vagando ao sabor das correntes. Sem contar quando acabam enroscados em longas linhas de pesca de espinhel, que flutuam na superfície do oceano, ou engolindo anzóis quando tentam comer as iscas. Muitos morrem todos os dias por causa desses motivos e nunca retornam aos seus ninhos, comprometendo a vida de seus filhotes.

> Lugar de lixo é no lixo e não no chão ou na calçada. Antes de jogar lixo no chão, todo mundo deveria pensar que uma simples tampinha de plástico, que parece inofensiva, pode ir parar na barriga de um albatroz, que poderá morrer por causa dela.
>
> Laura

É bonito ver o albatroz voando por cima da gente!

Laura

Filhote experimentando as primeiras sensações de "voo" ainda no ninho.

É comum vermos um pinguim cuidando de dois filhotes ao mesmo tempo.

Os pinguins-rei vivem nas regiões subantárticas e são bastante barulhentos. Ficam gritando para chamar a atenção dos outros.

O MUNDO DOS PINGUINS

Quando falamos em animais da Antártica ou de regiões frias, muitas pessoas se lembram de ursos polares e pinguins, mas é preciso dizer algo importante: os ursos polares só existem no outro polo, o Norte. Já os pinguins não são encontrados lá. Pinguins das mais variadas espécies estão espalhados por muitos outros lugares da Terra: na região antártica, nas Ilhas Falkland, na América do Sul e até na África do Sul!

Os pinguins não são animais solitários. Eles sabem que quando estão em grupo têm mais chances de sobreviver. Vivem em grupos grandes: são centenas, às vezes milhares de pinguins num mesmo local. Esse local é chamado de pinguineira e mostra um pouco da inteligência desses animais. A pinguineira geralmente fica próxima do oceano por facilitar o acesso aos alimentos e à reprodução.

Pinguins, os animais mais populares da Antártica, são tão famosos que a gente acaba encontrando um na casa de algum amigo por aqui mesmo, em cima da geladeira! Vemos sempre pinguins em desenhos animados na TV, em filmes e, na escola, os professores falam deles quando estudamos as regiões frias. Às vezes vemos pinguins em embalagens de comida congelada... Mas o pinguim é muito mais do que isso.

Pra começar, eles são aves. Aí, a gente pensa: "Ué, mas eles não voam!" Os cientistas dizem que aves são animais que têm penas e eles têm, mas não voam porque suas asas são adaptadas para nadar. São as únicas aves que nadam ao invés de voar e é por isso que muita gente acha que não são aves.

Os pinguins têm a superfície do corpo lisinha, com muitas penas bem juntinhas para não deixar a água entrar e manter sua temperatura, com a ajuda de uma espessa camada de gordura. Os filhotes nascem um pouco maiores do que um pintinho, com uma penugem que protege o corpo. Nessa fase é bem fácil reconhecer a sua espécie, porque os filhotes são muito diferentes uns dos outros.

Pinguins se alimentam de peixes, lulas, krills e pequenos crustáceos. Quando olhamos um pinguim em seu ninho com bastante atenção, vemos que sua língua parece uma escova de dentes. Quando come, o alimento gruda nela e ele o engole tranquilamente.

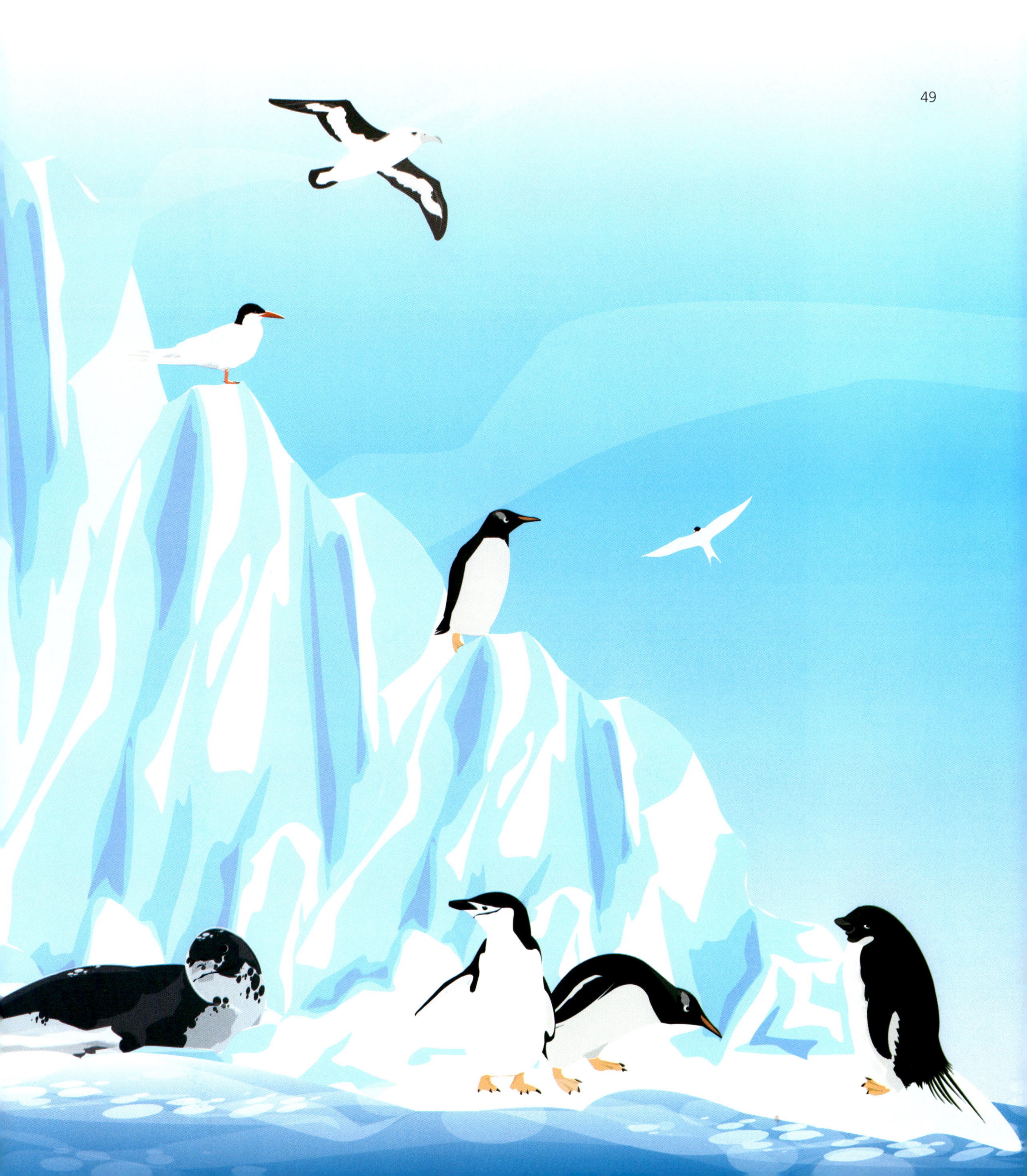

Descobrimos que na barriga dos pinguins o alimento fica separado em duas partes. Os pedaços menores são guardados para os filhotes e a outra parte segue para o estômago do pinguim. Mas, se faltar comida para o filhote, os pais podem regurgitar a parcela digerida que haviam separado para si mesmos.

Os pinguins têm cores diferentes no corpo: uma preta e uma branca. Isso serve para se disfarçarem e enganarem os predadores. Quando estão na água, não os vemos direito por causa das suas costas pretas. Quando estão em terra firme, se estiverem de frente, com o peito à mostra, ficam camuflados na neve branca.

Tamara numa pinguineira de pinguins-papua.

Pinguim-adélia

Pinguins-papua

Pinguim-chinstrap

Pinguim-de-magalhães, que vive nas Ilhas Falkland (Malvinas) e em outros lugares da América do Sul.

O pinguim rockropper, habitante das Ilhas Falkland (Malvinas).

Os pinguins-de-magalhães são pretos, com alguns contornos brancos pelo corpo. Vivem em terra firme em grupos bem grandes e fazem seus ninhos em buracos no chão. Alguns deles, que vivem no sul da América do Sul, podem se perder na correnteza e ser levados até as praias do Brasil. Quando isso acontece, muita gente pensa em levá-los para um lugar frio para deixá-los no que parece ser sua temperatura natural. Mas isso não é o certo de se fazer. Como os pinguins perdem muita energia e gordura para se aquecerem na viagem, devem ser imediatamente aquecidos em um cobertor, pois certamente estão com frio, fracos e mal alimentados. Em seguida, é importante procurar a ajuda de uma organização de preservação de animais o mais rápido possível. Eles sabem como levar os pinguins de volta para casa.

Às vezes, esses animais são levados em navios, aviões ou helicópteros para seu lar ou para zoológicos e aquários, onde são mantidos sob os cuidados de especialistas. Muitas vezes os animais são reabilitados e soltos para que possam voltar para casa. Mas de vez em quando, eles acabam tendo que ficar por mais tempo porque perdem a época de retornar com o seu bando, ou por causa de algum problema físico. E então ficam perto da gente em zoológicos e aquários e, assim, podemos aprender ainda mais sobre eles.

Papua cuidando do seu filhote no ninho de pedrinhas, na península Antártica.

Na Antártica, os ninhos dos pinguins são feitos com pequenas pedrinhas. Eles vão bem longe e pegam uma pedrinha por vez com o bico. Existem pinguins ladrões. Quando um sai do ninho, seus vizinhos podem roubar as suas pedrinhas. Quando o dono do ninho chega, eles brigam muito.

As pedrinhas são muito importantes para os pinguins. Se eles não encontrarem pedrinhas suficientes, não conseguirão fazer os ninhos para encubar seus ovos. É por isso que não se pode pegar nenhuma pedrinha de lá. Mesmo que às vezes dê vontade.

Laura

Era só a gente ficar sentada que logo um pinguim-papua curioso se aproximava.

Na Antártica os animais chegam muito perto da gente!

Laura

Um dia, minha mãe tirava fotos e um pinguim entrou na mochila dela. Os pinguins são curiosos, mas eu acho que aquele estava com frio mesmo!

Marininha

> O clima na Antártica pode mudar muito rápido. E talvez por isso mesmo essa seja uma viagem com tantas surpresas. Um dia, a Tamara estava brincando fora do barco de camiseta e calça normal e, pouco tempo depois, vivemos o pior vendaval de toda a viagem...
>
> Marininha

COISAS ASSUSTADORAS

Depois de ultrapassada a Convergência Antártica, muitas sensações se misturam. Ficamos ansiosas para chegar em terra firme e, ao mesmo tempo, preocupadas por lembrar das várias vezes em que ouvimos os adultos dizendo que, para viajar para a Antártica, é muito importante estar preparado. Como é um lugar muito longe de qualquer cidade, não podemos contar com a ajuda de outras pessoas. Não sabemos muito bem o que vamos encontrar pela frente, porque existem lugares que ainda não estão nos mapas. Um barco pode afundar ou ser muito danificado por rochas submersas. Então temos de nos preparar muito bem e confiar nas pessoas que estão viajando com a gente.

Um dia, estávamos preparando a festa de aniversário do Flávio (tripulante do barco), fazendo o bolo e os brigadeiros, quando, de repente, os talheres foram jogados para longe. Ouvimos o barulho da barriga do barco raspando em pedras. O barco começou a tremer e a balançar. Corremos para ver o que tinha acontecido. Estávamos encalhados a 30 centímetros de profundidade da água. Que sorte nosso barco ser de alumínio! Só pelo barulho, um barco com o casco de madeira já estaria no fundo do mar. O esforço para sairmos de lá foi grande. Nosso pai manobrava a "nossa casa", e o Flávio, um bote. Os dois faziam de tudo para sairmos das pedras que não estavam nas cartas náuticas. As ondas ajudavam a empurrar o barco para um lado e para o outro. O barco tombou e ficou meio de lado, e então caiu estrondosamente na água, formando ondas no mar. Depois de muito tempo conseguimos sair dali.

Em outra ocasião, saímos da baía Dorian pela manhã em direção ao canal Lemaire. Não sabemos o que aconteceu no caminho que fez nosso pai sair gritando, mas fomos correndo até ele. Ele achou que o Flávio estava no comando do barco e foi checar a meteorologia (que palavra enorme!). Foi tudo muito rápido... Quando olhou para a janela à sua frente, viu que estávamos praticamente batendo num iceberg. Então ele saiu correndo, gritando. E por sorte conseguiu virar o leme e evitou um desastre que poderia ter afundado o Paratii 2. No lugar onde estávamos, não seria nada fácil conseguir uma carona de volta para casa.

Para ficar cara a cara com as focas-leopardo, passar por uma multidão de pinguins, escorregar em tobogãs de gelo e navegar sozinhas de Optimist, foi necessário ter coragem. Muitas pessoas falam em "criar coragem". As viagens ensinam que a coragem já está dentro da gente; o que precisamos é aprender a colocá-la para fora.

Tamara

Houve uma noite muito difícil. Minha mãe dizia que a corrente da âncora pesada se arrastava e era carregada de um lado para o outro entre as pedras do fundo do mar. Com a rajada, os cabos esticavam e faziam o barco dançar de um lado para outro. Um grande iceberg rachou e caiu durante a noite, provocando ondas na água e fazendo um grande barulho. Seus pedaços fecharam a entrada do canal por onde tínhamos entrado.

Tamara

O PEQUENO OPTIMIST

O Optimist é um barco bem pequeno, considerado o menor dos veleiros. Aprendemos a velejar em um quando tínhamos 7 e 10 anos. Na viagem que fizemos em 2010, nossa mãe preparou uma surpresa: escondeu um Optimist no Paratii 2 e só deixou que soubéssemos quando estávamos navegando na baía Margarida, bem no sul da península Antártica, em meio aos icebergs. Foi numa manhã de sol e pouco vento que ela montou o barquinho e o colocou na água. Do Paratii 2 saímos navegando por entre blocos de gelo gigantes!

Na imensidão azul, o barquinho amarelo ficava pequeno. Sem vento, encostei minhas costas na lateral do barco, observando o lugar azul e branco ao meu redor. Os pinguins nadavam numa velocidade incrível e saíam da água de vez em quando só para respirar. Outros dois me seguiram curiosos para ver o que era aquela criatura estranha que se movia lentamente com o vento.

Tamara

Tamara velejando entre icebergs.

Primeiro foi a Marininha, mas ela velejou pouco tempo. Depois foi a minha vez de navegar no Optimist, e passei do lado de um mini-iceberg com três focas-caranguejeiras. Depois passei por um iceberg com dois pinguins-adélia. Continuei em frente e passei por imensos icebergs, foi incrível! Fiquei velejando durante um bom tempo até que voltei para o bote onde meus pais, a Tamara e a Marininha estavam. Quando cheguei perto deles, ouvi a Marininha gritar: "Laura, uma foca-leopardo, uma foca-leopardo!"

A Laura teve muita sorte e viu pinguins-adélia bem de perto.

A Marininha, ao completar 10 anos, foi a primeira a velejar de Optimist na Antártica.

Ela estava do meu lado e eu fiquei assustada. Amarrei o cabo de reboque bem rápido e fui rebocada. De repente, quando olho para a água, a foca estava simplesmente do meu lado outra vez. Dei um berro. Levei um susto daqueles! Eu realmente não esperava que ela me acompanhasse. Acho que ela se assustou com meu grito porque logo depois afundou na água e sumiu. Quando eu me acalmei, lá estava ela de novo me seguindo! Eu nunca vi cabeça igual àquela. Era imensa! Umas três vezes a cabeça de um adulto!

Laura

NADA DECEPCIONANTE

Perto da Antártica, existe um lugar que todo mundo deveria conhecer: Deception Island. De "decepcionante" ali não tem nada. Essa ilha é um vulcão, e o mais incrível é que a gente consegue entrar nele de barco porque uma parte da sua parede quebrou há muitos anos e abriu uma passagem para dentro da cratera. Num dia sem vento, as águas ficam bem calmas e podemos desembarcar no seu interior.

Ver uma foto de alguém correndo na praia, de biquíni, é muito comum. Mas nessa praia vulcânica com a água geladíssima, placas de gelo e montanhas cobertas de neve, nós corremos para não queimar a sola dos pés! É que o chão dessa praia é feito de pedras muito quentes e areia grossa e preta. Como o chão é muito quente, acaba esquentando a água. No raso, as pessoas podem até nadar!

> Meus pés pulam do chão para não queimar a sola e, quando entro na água gelada, fico agitada, na dúvida se flutuo ou se afundo um pouco mais. Tento ficar parada, procurando ficar no quentinho, mas a água se mexe e é difícil!
>
> Laura

Ar gelado, água quente e meus pés queimando na areia do vulcão!

Do alto do vulcão, observamos a paisagem.

VOLTAR

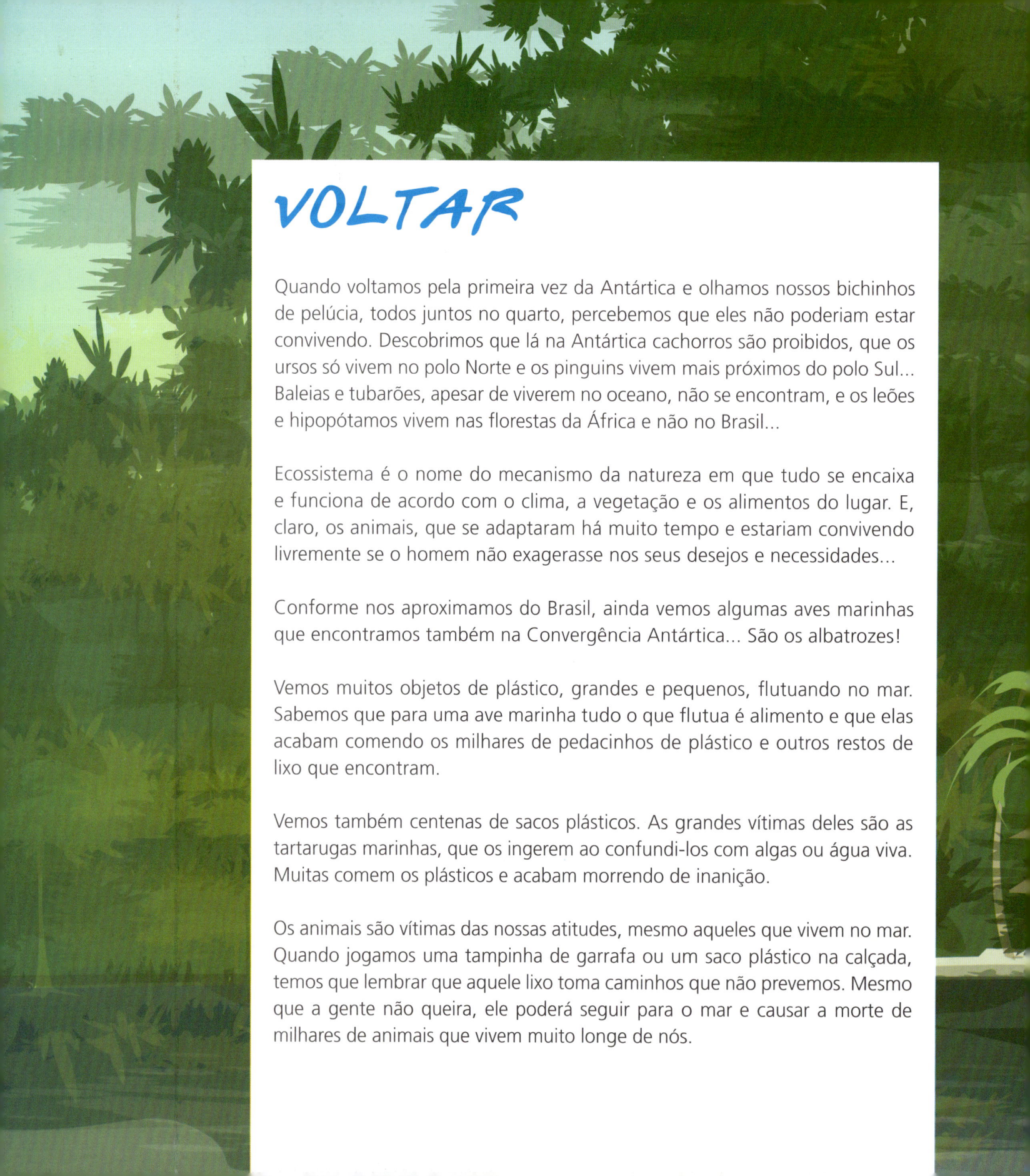

Quando voltamos pela primeira vez da Antártica e olhamos nossos bichinhos de pelúcia, todos juntos no quarto, percebemos que eles não poderiam estar convivendo. Descobrimos que lá na Antártica cachorros são proibidos, que os ursos só vivem no polo Norte e os pinguins vivem mais próximos do polo Sul... Baleias e tubarões, apesar de viverem no oceano, não se encontram, e os leões e hipopótamos vivem nas florestas da África e não no Brasil...

Ecossistema é o nome do mecanismo da natureza em que tudo se encaixa e funciona de acordo com o clima, a vegetação e os alimentos do lugar. E, claro, os animais, que se adaptaram há muito tempo e estariam convivendo livremente se o homem não exagerasse nos seus desejos e necessidades...

Conforme nos aproximamos do Brasil, ainda vemos algumas aves marinhas que encontramos também na Convergência Antártica... São os albatrozes!

Vemos muitos objetos de plástico, grandes e pequenos, flutuando no mar. Sabemos que para uma ave marinha tudo o que flutua é alimento e que elas acabam comendo os milhares de pedacinhos de plástico e outros restos de lixo que encontram.

Vemos também centenas de sacos plásticos. As grandes vítimas deles são as tartarugas marinhas, que os ingerem ao confundi-los com algas ou água viva. Muitas comem os plásticos e acabam morrendo de inanição.

Os animais são vítimas das nossas atitudes, mesmo aqueles que vivem no mar. Quando jogamos uma tampinha de garrafa ou um saco plástico na calçada, temos que lembrar que aquele lixo toma caminhos que não prevemos. Mesmo que a gente não queira, ele poderá seguir para o mar e causar a morte de milhares de animais que vivem muito longe de nós.

Uma das coisas engraçadas que acontecem quando retornamos de uma viagem é voltar a observar a natureza sem gelo, pinguins e baleias... Demora algum tempo para acostumar com o que antes era comum. Numa das voltas eu gritei: "Mãe, que bicho é aquele???" E ela respondeu: "É um cachorro, minha filha".

Laura

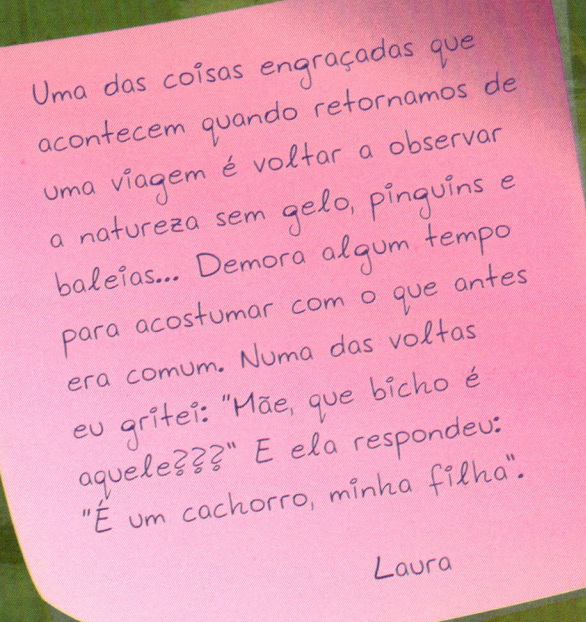

No último dia de viagem, você tenta aproveitar ao máximo e fazer tudo o que faltou. A verdade é que não dá, mas é um jeito de se despedir do lugar que gostamos.

Tamara

É engraçado perceber uma coisa: na Antártica a gente entra no barco e dentro dele está quentinho. Numa das vezes em que voltamos ao Brasil e entramos outra vez na nossa casa, percebi que dentro dela estava mais frio que do lado de fora.

Marininha

AS AUTORAS POR ELAS MESMAS

Laura Klink, 13 anos.

Tamara Klink, 13 anos, irmã gêmea da Laura.

Marininha Klink, 10 anos, a caçula das irmãs.

Laura é quem mais gosta de fotografar.
Vê detalhes que os outros não veem.

Tamara adora cozinhar
e arriscar novas receitas.

Marininha gosta de lavar a louça a bordo para
deixar tudo limpinho e brilhando.

AGRADECIMENTOS

Hurtigruten, Compagnie du Ponant, Jaime Borquez, Carlos Stroppa, Ilya Michael Hirsch, Miguél Ólio, João Cordeiro e Israel Klabin.

Escola Lourenço Castanho, Cecília Perez e Jeannette de Vivo, Silvia Tuono e Regina Abreu, que nos "obrigaram" a fazer da nossa viagem de férias uma aula de estudo do meio.

A M. Cassab, a primeira empresa que nos contratou para uma palestra.

A Renata Borges e Maristela Colucci, que nos ofereceram este desafio literário, e a todas as pessoas que, de forma direta ou indireta, nos ajudaram a tornar esse livro real.

Nossos agradecimentos especiais ao nosso pai, que nos ensinou descobrir a Antártica e que nos trouxe com segurança de volta para casa.

A nossa mãe, que sempre nos motivou a observar e a amar os animais que vivem do lado de fora da nossa janela.

E aos nossos avós, que sempre sentem muita saudade quando estamos viajando.

Tamara, Laura, Marina e Marininha.

foto: Jaime Borquez

Foi muito divertido participar desse processo de construção coletiva de texto. Tínhamos que ajudá-las a lembrar suas histórias com todas as suas emoções, escrever costurando tudo o que elas, com muita empolgação, nos contavam e tomar muito cuidado para ser leal à linguagem alegre, científica e juvenil que as meninas traziam. Foi um desafio quase antártico fazer esta viagem com elas.

Selma Maria e João Vilhena

O mais chato que aconteceu nessa história de escrever o livro foi que, para ir até a editora fazer as reuniões com a Selma, o João, a Renata e a Maristela, tínhamos que enfrentar o "Drake" de São Paulo, que é o trânsito. Chegávamos quase dormindo. Mas depois, conforme íamos contando nossas lembranças e escrevendo, ficávamos tão animadas que era difícil esperar a nossa vez de falar. Foi emocionante ver o livro nascendo das nossas histórias!

Laura, Tamara e Marininha Klink

SOBRE ESTE LIVRO

Quando tivemos a oportunidade de levar as meninas pela primeira vez para "além da convergência", a Marininha tinha 6 anos de idade e as gêmeas 9 anos. Aquela viagem foi transformadora.

Ao proporcionar às crianças o contato com a natureza em sua forma original, percebemos o quanto elas gostaram de descobrir um mundo diferente desse em que a maioria de nós vive. A natureza desperta nas crianças o interesse em observar os animais que cruzam nosso caminho. Muito jovens, elas aprendem a respeitar as mais diferentes formas de vida e a compreender as dificuldades de sobrevivência num clima hostil.

O convite da Grão Editora para a produção deste livro foi surpreendente. Ele foi escrito de um jeito bem diferente: foi necessário reunir muitas informações colecionadas por elas. Coube à poeta e arte-educadora Selma Maria e ao professor João Vilhena essa longa tarefa. Eles conversaram bastante com as meninas, abriram seus diários e vasculharam seus desenhos, registros e gavetas. Elas relataram suas melhores lembranças acumuladas em cinco viagens à Antártica e, juntos, conseguiram organizar os capítulos deste livro.

Minha contribuição se fez ao longo de vários anos pesquisando tudo o que elas deveriam saber quando navegássemos por uma das regiões mais incríveis do planeta. E aqui está, na voz delas, um resumo do que aprenderam. O resultado do trabalho é uma experiência singular, dedicada a crianças e adultos. Esperamos que muitos aprendam com elas e se emocionem com suas próprias descobertas.

Sabemos que o futuro da natureza está nas mãos das crianças de hoje, que se tornarão adultos e poderão contribuir para que esse mundo seja um lugar cada vez melhor para se viver.

Marina Bandeira Klink

As irmãs Klink são parceiras dos seguintes projetos:

Instituto Baleia Jubarte
O Instituto Baleia Jubarte tem como missão conservar as baleias-jubarte e outros cetáceos do Brasil, contribuindo para harmonizar a atividade humana com a preservação do patrimônio natural.
www.baleiajubarte.org

Projeto Baleia Franca
Dedicado à pesquisa e à conservação das baleias-francas, segunda espécie de baleia mais ameaçada de extinção, o Projeto Baleia Franca tem como objetivo garantir a sobrevivência e a recuperação populacional da baleia-franca em águas brasileiras.
www.baleiafranca.org.br

Projeto Albatroz
O Projeto Albatroz é uma ONG criada pela necessidade de reduzir a captura não intencional de aves marinhas na pesca oceânica. Desenvolve pesquisas a bordo de barcos de pesca em alto-mar e a educação ambiental para pescadores, visando a adoção de medidas de conservação nas rotinas de pesca. É a única ONG em todo o mundo criada exclusivamente para proteção dessas aves, já ameaçadas de extinção.
www.projetoalbatroz.org.br

Projeto Tamar
O Projeto Tamar/ICMBio, com 30 anos de atividades no Brasil, tem como missão promover a recuperação das tartarugas marinhas, desenvolvendo ações de conservação, pesquisa e inclusão social.
www.projetotamar.org.br

Aquário de Ubatuba
O Aquário de Ubatuba foi inaugurado em 1996 por um grupo de oceanógrafos. Seus principais objetivos são centralizar pesquisas voltadas para a conservação dos mares, informar e educar a população, valorizando o grandioso potencial genético e ambiental dos rios e da costa brasileira.
www.aquariodeubatuba.com.br

Aquário de Santos
O Aquário de Santos é a primeira instituição brasileira a resgatar e recuperar animais marinhos. Desenvolve um importante trabalho de educação ambiental, que envolve 6 mil estudantes por ano. É o segundo parque mais visitado do estado de São Paulo e o mais antigo aquário do Brasil (inaugurado em 1945). Abriga cerca de 2 mil espécimes, desde pequenos invertebrados até mamíferos marinhos. Dentre suas atrações, destacam-se tubarões, meros, pacus, raias, pinguins e lobos-marinhos.
www.santos.sp.gov.br

Instituto Argonauta
A ONG Instituto Argonauta para a Conservação Marinha, OSCIP, está sediada no litoral norte do estado de São Paulo, em Ubatuba. Atua desde 1998 em parceria com o Aquário de Ubatuba e com outras instituições, realizando o resgate e o salvamento de animais aquáticos debilitados. Em 2005 foi criado o Centro de Reabilitação e Triagem de Animais Aquáticos (CRETA), que atende pinguins, golfinhos, lobos-marinhos, entre outros animais. Em 2008 chegou a receber, recuperar e devolver ao mar cerca de seiscentos pinguins-de-magalhães.
www.institutoargonauta.org

Este livro, composto nas fontes Frutiger e Vavont, foi impresso sobre papel cartão 250g/m² e couché fosco 150g/m² pela Oceano Gráfica no verão de 2025.